Noch mehr Pleiten, Pech und PKW

111 neue kuriose Verkehrsunfälle – alle glimpflich ausgegangen

Noch mehr
PLEITEN PECH UND PKW

Ulf Kaack

111 neue kuriose Verkehrsunfälle – alle glimpflich ausgegangen

GeraMond

Vorwort

Unfälle im Straßenverkehr sind von Beginn der Motorisierung an eine Begleiterscheinung der Mobilität. Die zunehmende Verkehrsdichte geht geradezu zwangsläufig einher mit einer steigenden Zahl solcher Unglücke. Die größte Gefahrenquelle im Straßenverkehr ist und bleibt der Mensch, sein Versagen die häufigste Unfallursache. Oftmals bringen Verkehrsunfälle Leid mit sich, fast immer mehr oder weniger große wirtschaftliche Schäden. Doch gibt es auch immer wieder Situationen, die zum Schmunzeln oder lautem Lachen animieren. Kuriose Szenen sind es, nicht selten wie Hollywood-Stunts anmutend, die in uns Schadenfreude wecken. Die Bildmotive auf den folgenden Seiten sind eine Steilvorlage für den schwarzen Humor des Lesers. Bei der Auswahl haben wir großen Wert darauf gelegt, dass bei den gezeigten Unfällen keine nennenswerten Personenschäden entstanden sind. Stets saß der Schutzengel auf der Beifahrerseite und hat im richtigen Moment den Airbag aktiviert.

Viel Spaß bei dieser schwarzhumorigen Lektüre!

Ulf Kaack
Bremen, im Frühjahr 2013

Katzenjammer

Die Scheinwerfer heil, das Chrom des Kühlers ohne Kratzer, Blech und Stoßstange frei von Beulen. Ist es der soliden Bauweise der britischen Luxuslimousine, einem Jaguar MK 2 Type 62, geschuldet, oder dem enormen Glück des Besitzers dieses ebenso seltenen wie wertvollen Klassikers? Jedenfalls blicken die Scheinwerferaugen der Raubkatze aus einer der oberen Etagen des Zentralparkhauses über das urbane Panorama von Bordeaux an der französischen Atlantikküste. Der Abschleppdienst wird bei der Bergung des Oldtimers sicher sehr behutsam ans Werk gehen.

Leuchtkugel

Mehr gekugelt und gerollt ist dieser Smart bei einem mehrfachen Überschlag auf einer niedersächsischen Landstraße. Die junge Dame am Lenkrad versuchte einer Katze auszuweichen, verriss das Steuer und überschlug sich nach einem filmreifen Abflug auf dem unbefestigten Seitenstreifen. Als finalen Landeplatz wählte sie dann doch die Asphaltdecke der Straße. Teure Tierliebe!

Im Untergrund

Das hätte schlimm ausgehen können – ist es aber nicht! Der Fahrer dieses Peugeot erlitt am Steuer einen epileptischen Anfall. Sein Kleinwagen war für einen kurzen Augenblick praktisch führerlos und rauschte ungebremst in den Niedergang zu einer U-Bahn-Station im nordfranzösischen Lomme nahe Lille. Auf der Straße rollte der Verkehr weiter, nur unter Tage stand die Bahn bis zum Abschluss der Bergungsarbeiten still – die Rolltreppe offensichtlich auch noch einige Tage länger. Dem Fahrzeugeigner ging es nach kurzer medizinischer Behandlung wieder deutlich besser.

Sportlich, sportlich …

… was der finnische Rallyepilot Juho Hänninen hier im italienischen San Remo hinlegte. Bei seiner Herkunft sollte er sich ja eigentlich mit rutschigen Fahrbahnoberflächen auskennen. Doch hier machte ihn wohl das Wissen um sein Können auf vereisten Straßen übermütig. In einer Kurve verlor das Rallye-Ass die Bodenhaftung, durchbrach eine Leitplanke und landete dekorativ auf dem Flachdach eines Schuppens.

Wasserspiele

Wenn Emily ein Bad nehmen will, dann kriegen die Insassen nasse Füße! Was diese erlauchte Gesellschaft dereinst bewogen hat, mit ihrer Nobelkarosse diesen zugegebenermaßen nicht gerade reißenden Strom zu durchfahren, ist nicht überliefert. Doch anscheinend machte der Rolls-Royce die brückenlose Flussquerung schadlos mit, zumal Seitenverkehr an dieser Stelle nicht zu befürchten war.

Tauchsport

Rauschmittel waren im Spiel und zu hohe Geschwindigkeit, als der Fahrer dieser Limousine bei einer Spritztour durch das nächtliche Scarborough in Australien zu einem erfrischenden Bad ansetzte. Zuvor durchbrach er einen massiven Zaun und pflügte den Vorgarten des Poolbesitzers gehörig um. Der musste den unfreiwilligen „Tauchbootkapitän" anschließend noch vor dem Ertrinken bewahren, was ihm gelang. Endstation des Badeausflugs war die Ausnüchterungszelle der örtlichen Polizeistation.

Über Tage, unter Tage?

Diese schwere Baumaschine ging bei Abrissarbeiten unfreiwillig auf Tauchstation, als unter ihren Gleisketten ein Bunker zusammenbrach. Bergungsversuche blieben zunächst erfolglos, während die Grube binnen kurzer Zeit voll Wasser lief. Erst mit einem Pumpeneinsatz der Feuerwehr Halle und einem 500-Tonnen-Kran konnte der vollkommen demolierte Bagger zentimeterweise aus der Grube zurück auf befestigten Asphalt gehoben werden.

Treffen sich ein Pfosten und ein Vollpfosten …

Der Chef parkt auf dem Chefparkplatz, die Frau auf dem Frauenparkplatz und ein Vollpfosten – ja, der stellt seinen Wagen an einem Pfosten ab. Doch diesem tragenden Element des Parkhauses machte die Berührung mit dem Kleintransporter rein gar nichts aus, während letzterer in erheblich deformiertem Zustand wohl ganz offensichtlich unmittelbar vor seiner letzten Reise steht – der zum Fahrzeugverwerter.

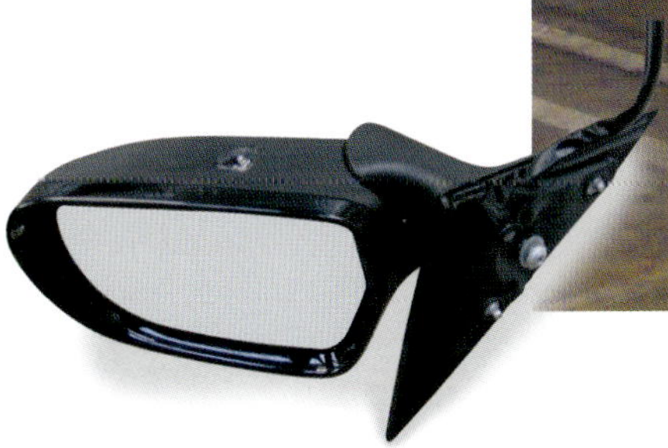

Gute Sicht – gute Fahrt

Auf den Treppenstufen eines Optikergeschäftes in Hannover endete für diesen Mercedes und seinen Fahrer die Shoppingtour. Ob der sich eine bessere Sehhilfe zulegen wollte? Die Vermutung liegt nahe.

… und abwärts

Und noch ein Franzose auf Abwegen. Diesmal in das Tunnelsystem der U-Bahn. Der Fahrer hatte den Eingang der Station mit der Zuwegung zu einem Parkhaus verwechselt, wie er anschließend der Polizei von Bordeaux zu Protokoll gab.

Kleines Versehen, großer Schaden!

Der Fahrer dieses Opel-Kombi hatte sich nachts beim Rückwärtsfahren verschätzt und war über den Straßenrand hinaus die Böschung hinabgerutscht. Einem Schlitten gleich durchquerte der Wagen mehrere Gärten im beschaulichen Assmannshausen im Rheingau, in denen er eine Spur der Verwüstung hinterließ. Zum Stehen – und zwar hochkant – kam er schließlich an einer Hausfassade. Der Fahrer flüchtete zunächst. Kein Wunder, denn wem wäre das nicht auch peinlich!

Am Abgrund

Die Kontinentalplatten driften auseinander, das haben Geologen schon vor längerer Zeit entdeckt. Neu ist, dass dies auch im Sauerland der Fall ist. Die Fahrerin des VW Golf brach nach schweren Regenfällen, die kleine Rinnsale binnen kurzer Zeit zu reißenden Strömen anschwellen ließen, mitsamt der Asphaltdecke ein. Ob es sich bei dem Schäferhund auf der gegenüberliegenden Straßenseite um einen Erdbebenopfer-Spürhund handelt, war nicht in Erfahrung zu bringen.

4WD mal drei

War wohl nix mit der zeitsparenden Abkürzung! Dieses kleine Bächlein hat dem Teilnehmer der Rallye du Portugal nicht nur die Etappenzeit gründlich versaut, sondern auch die Lackierung des sportlichen Gefährtes sowie die Sponsorenaufkleber. Gleich dreifacher Four Wheel Drive ist jetzt gefragt: vier angetriebene Räder, vier stämmige Beine und vier kräftige Oberarme. Doch möglicherweise sind die Herren mit einem Abschleppfahrzeug in dieser Situation besser bedient.

Reif für die Insel

Mut und Vertrauen in die Kräftedynamik seiner Maschine bewies der Fahrer dieses Baggers beim Abriss eines alten Betonwehrs in Baden Württemberg. Starke Regengüsse ließen den Fluss rasch anschwellen und versperrten dem Kettengefährt den Rückweg. Der Maschinenführer blieb cool, arbeitete wie selbstverständlich weiter und wartete das Abschwellen des wild gewordenen Bächleins ab.

Es blieb auf dieser Baustelle nicht die einzige mutige Aktion. Einige Monate später führte der Bach plötzlich Hochwasser. Der Baggerführer setzte seine Maschine in der Flut kurzerhand sicher auf Flussbausteine, um wie ein Fels in der Brandung die Ebbe abzuwarten.

Winterfreuden?

Wie bitte geht das? Die Straße eisfrei und gut geräumt, und der Brummi weilt im Schnee. Nach der Kollision mit einem Pkw rutschte der Lkw die Böschung hinab und wühlte sich in der Schneefläche fest. Es gab kein Entrinnen. Die gesamte Tankladung musste abgepumpt werden, bevor der Laster mit schwerem Gerät zurück auf den Asphalt gezogen werden konnte.

Retter in Not

Um zu helfen, ist dieses Rettungsfahrzeug ausgerückt. Am Ende benötigte es selbst dringend Hilfe: Ein Sturm mit sintflutartigen Regenfällen ging in der spanischen Region Katalonien nieder. Straßen und Keller waren überflutet, die ehrenamtlichen Retter im Dauereinsatz. Bei der Fahrt zum nächsten Einsatzort fuhr dieses Löschfahrzeug in ein Loch, was sich dort kurz zuvor noch nicht befand. So kann's kommen.

Elch-Test

Eine Frühversion des Elch-Testes absolvierte dieser Automobilist im schwedischen Landskrona. Bei dieser Variante aus dem Jahr 1959 landete der Wagen nicht auf der Seite, sondern auf der Schnauze!

Dach-Graffiti

Mitgefühl klingt anders. Über Nacht lag dieser Trabant im Straßengraben unweit von Dresden, am nächsten Tag sollte der Abschleppdienst dem kleinen Zweitakter wieder auf die Räder helfen. Zwischenzeitlich hatten Unbekannte ihren Kommentar zur Lage in Graffiti-Form auf dem Fahrzeugdach hinterlassen.

Erntezeit

Nein, dieses Maisfeld war noch nicht reif zur Ernte. Auch wenn der ukrainische Fahrer des Kühllasters möglicherweise anderes vermutete. Mit einem Griff aus dem Seitenfenster war er in der Lage, den Reifegrad der Ackerfrucht zu kontrollieren. Ob ihn der anschließende Griff zum Schalthebel im Rückwärtsgang zurück auf die Straße gebracht hat, bleibt indes fraglich.

Auf dem Holzweg

Einen neugierigen Blick scheint dieser Audi durch das Bollwerk der Holzscheite zu riskieren. Doch die Realität ist eine andere: Bei spiegelglatter Fahrbahn flog die junge Fahrerin auf einer Kreisstraße in Oberbayern aus der Kurve und landete mit dem Heck voran in den sorgfältig gestapelten Scheiten. Ein glatter Durchschuss, würde ein Kriminalmediziner dazu sagen. Fragt sich nur, wie die Dame anschließend das Warndreieck aus ihrem Kofferraum bekam.

Kunst oder Crash?

Das fällt dem kulturbeflissenen Betrachter zunächst bei diesem surreal anmutenden Szenario ein. Was will uns der Künstler mit diesem Werk sagen: Die mobile Gesellschaft, eingekreist von der durch Zebrastreifen symbolisierten Langsamkeit? Ein Fanal für die gefährdete Tierwelt Afrikas? Begegnungen in der Zange der Moderne? Oder schlicht die Vorfahrt missachtet? Wer weiß!

Bekenntnis zum ÖPNV

Besser kann man einen Unfallort kaum wählen: Nach dem Crash einfach aus dem Wrack klettern, in den nächsten Bus steigen und schon geht die Reise weiter. Ob dies den jungen Brasilianer dazu bewogen haben mag, seinen Flitzer im Südosten von São Paulo mit Schwung in die Luft zu katapultieren und mit fragwürdiger Eleganz hinter der Bushaltestelle zu parken, sei einmal dahingestellt.

Senk- und Spreizfüße

Wurde die Motorhaube dieses Oldies von einem Klavier getroffen, das Laurel und Hardy in klassischer Manier aus dem Fenster fallen ließen? Oder ließ Buster Keaton darauf eine Hausfassade stürzen? Die Reparatur des Schadens, entstanden ist diese Aufnahme übrigens 1922 in Washington/USA, dürfte die Arbeitszeit des Schmiedes mehr als üblich in Anspruch nehmen.

Hart an der Kante

Ein seltsam anmutendes Szenario in der Rue Montmartre in Paris: Nach einem Ausweichmanöver erwischte der Fahrer dieses Taxis einen Begrenzungspfahl und riss diesen mitsamt Fundament aus dem Asphalt heraus. Der schwere Betonsockel verkeilte sich unter der Vorderachse und ließ die Räder den Bodenkontakt verlieren, der erst durch den Einsatz eines Kranes wieder hergestellt werden konnte.

Auf Tauchkurs

Da hätte der Fahrer doch besser mal die Handbremse ziehen sollen. Dieser Citroen Xsara landete in Morlaix in der Bretagne zwischen den schmucken Segelbooten im Hafenbecken. Glücklicherweise war der Bootskran des Wassersportclubs nicht fern.

Autodach als Bootsdeck

Auf hoher See werden gesunkene Schiffe mit Wracktonnen markiert. In einem Vorort von Peking markierte der chinesische Fahrzeugbesitzer seinen Wagen lieber selbst, nachdem er ihn im Fluss versenkt hatte. Mit nassen Füßen wartete er auf den Bergungskran.

Bruchpilot on the road

Nein, dies ist kein neuartiger Schmalspur-Pkw mit gleichzeitiger Überbreite, den der Autokran hier in Ermangelung eines eigenen Antriebs über die Chaussee manövriert. Der Pilot des zweimotorigen Sportflugzeugs wurde im Anflug auf die Landebahn in der Nähe von Oldenburg von einer heftigen Windbö erfasst und in einen Graben gedrückt. Da musste schweres Gerät ran für die Überführung in den Werkstatthangar. Die Reparaturrechnung dürfte heftig ausgefallen sein.

Engel im Teamwork

Ein Gelber Engel mit Schutzengel – und was für einem! Auf der A 29 bei Oldenburg sollte durch das Servicefahrzeug des ADAC ein verunfallter Pkw geborgen werden, als der Retter ganz plötzlich selber in einen Massencrash verwickelt wurde. Man mag es kaum glauben: Nur ein wenig benebelt, aber ansonsten vollkommen unverletzt, entstieg der Fahrer dem Führerhaus. Kaum zu glauben: Selbst die Tür konnte er noch selbständig öffnen.

Schwungvoll auf die Seite gelegt

Nein, dies ist keine neuartige Schnellentladevorrichtung für den Straßenbau, wenngleich das Schüttgut bei einem solchen Entladeverfahren binnen Sekunden dort hingelangt, wo es hin soll. Doch würde das Wiederaufrichten des Lieferfahrzeuges deutlich zu viel Zeit und Aufwand in Anspruch nehmen, um dem Ganzen hier einen Sinn zu geben. Schlicht und ergreifend hat der Fahrer dieses Lkw die vorhergehende Kurve mit zu viel Schwung genommen und so den geladenen Mutterboden großflächig verteilt.

Winterfreuden

Um diesen Wagen auf der Uferpromenade des Genfer Sees von Eis und Schnee zu befreien, wird sich die Besitzerin wohl etwas mehr Zeit nehmen müssen. Und vor allem: Zuvor sollte sie kontrollieren, ob es sich hierbei wirklich um ihr Fahrzeug handelt. Eine Standheizung wäre hier sicherlich dienlich – vorausgesetzt die Tür lässt sich für ihre Inbetriebnahme öffnen.

Bodenhaftung verloren

Spontane heftige Schneefälle wurden diesem Kleinwagen im thüringischen Landkreis Sonneberg zum Verhängnis. Die Kombination aus Straßenglätte, unangepasster Geschwindigkeit und einer abrupten Lenkreaktion ließ den Renault für einen Moment die Bodenhaftung verlieren und anschließend unsanft auf der Leitplanke landen. Ein Fall für die Feuerwehr.

Bruchpilot

Dieser tollkühne Mann mit seiner fliegenden Kiste wird vorerst eine Lücke in seinem Trophäenschrank behalten. Zumindest den Siegerpokal für dieses Rennen kann er sich ganz getrost von der Backe putzen, während er für seinen Boliden wohl einen längeren Werkstattaufenthalt einplanen muss.

Stabile Seitenlage

Thank god always, prangt in großen Lettern über dem Führerhaus des betagten Lkw. Stimmt: Dem lieben Gott kann der nigerianische Fahrer ewig dankbar sein, dass bei diesem Ausritt in den Straßengraben nicht mehr passiert ist.

Schweben auf Wolke 7 fühlt sich anders an

Gas und Bremse hat die 57-jährige Fahranfängerin in Changchu, China, beim Einparken verwechselt. Ihr BMW tat einen mächtigen Satz rückwärts, um den Bruchteil einer Sekunde später freischwebend über der Brüstung zu pendeln. Das Gebäude darunter hätte einen Absturz des schweren Geländewagens übrigens locker verkraftet, handelt es sich dabei doch um einen zivilen Luftschutzbunker.

Parken am Waldesrand

Bei diesem Kia Spectrum ließ sich das Schiebedach nicht mehr öffnen, nachdem sich der gewichtige Stamm des Ahornbaumes sanft an das Dach geschmiegt hatte. Dafür waren die beiden Türen nicht mehr zu schließen – aber das Radio funktionierte noch! Ein schwerer Sturm ließ den Baum in Madison/Ohio auf den Wagen krachen, während die Besitzerin ihre beiden Schäferhunde im Wald Gassi führte.

Hebelgesetz in der Praxis

Bis zu hundert Tonnen kann dieser Autokran normalerweise in die Höhe wuppen – vorausgesetzt die Auslage und das Gegengewicht sind stimmig austariert. Das war bei den Bauarbeiten an einer neuen Fabrikhalle im Ostalbkreis offensichtlich nicht der Fall: Die schwere Baumaschine machte beim Anheben Männchen und legte sich anschließend auf den Rücken. Der Fahrer verließ seinen Arbeitsplatz mittels einer Aluleiter. Shit happens!

Platz ist in der kleinsten Hütte

Das dachte sich wohl der 18-jährige Fahrer dieses Kleinbusses, als er nahe Kulmbach in Oberfranken sein Gefährt nach einer eleganten Kunstflugeinlage in bester Tieffliegermanier mit dem Reifenprofil gen Himmel einparkte. Der unfreiwillige Bruchpilot blieb unverletzt, die Scheune musste wegen Einsturzgefahr abgerissen werden.

Hochbau – Tiefbau

Früher war alles besser, tut der Volksmund kund. Eine Ausnahme bildet da anscheinend die Absicherung von innerstädtischen Baustellen. Seinem Fahrzeug bot dieser Automobilist intensive Einblicke in den Arbeitsbereich von Tiefbauarbeitern.

Unrettbar verformt

Aus Zeiten, in denen Sicherheitsgurt und Airbag noch Fremdworte waren: Nach einer Frontalkollision war an dieser prächtigen Limousine nichts mehr zu retten. Der Motor in die Fahrgastzelle gedrückt, Rahmen verzogen, und die Karosserie nachhaltig deformiert … da konnte selbst die beste Werkstatt kaum mehr helfen.

Mechanische Vollsperrung

Automatisches Verkehrsleitsystem erfolgreich auf der Autobahn getestet: Die rechte Spur und der Standstreifen sind gesperrt, die linke Fahrbahnseite ist ausschließlich Behördenfahrzeugen vorbehalten. Die Auslösung der regulierenden Maßnahme erfolgte mechanisch mittels Lkw-Kollision.

Hacke ohne Pappe

Ohne Führerschein und unter Drogeneinfluss mit Vollspeed durch die Straßen von Winnenden in Baden-Württemberg bügeln – da gehört schon was zu. Dumm nur, wenn sich diese Straße durch einen heftigen Aufschlag als Sackgasse zu erkennen gibt. Die Formulierung auf dem Schild war in diesem Zusammenhang sicherlich eine rauschbedingte Fehlinterpretation des Piloten.

Oben ohne

Cabrio fahren? Bei dem Wetter? Da kann man sich sicherlich Besseres vorstellen bei Minusgraden und Schnee auf der Fahrbahn. Mag sein, das Eisblumen auf der Brille des Fahrers oder festgefrorene Finger auf dem Lenkrad die Ursache für den unfreiwilligen Ausritt in den Wegeseitenraum gewesen sein mögen. Fakt ist, dass dieses Fahrzeug für sommerliche Freiluftfreuden nicht mehr zur Verfügung steht.

Affenalarm

Kein Problem damit, sich in der zivilisierten Welt zurechtzufinden, haben diese behaarten Urwaldbewohner in einem Safari-Park nahe Liverpool. Nur mit dem typisch britischen Sauwetter kommt die Affenbande gar nicht klar. Kein Wunder, dass die Tiere diese Gelegenheit wahrnehmen und sich aus dem Dachkoffer dieses Pkw regenfest einkleiden.

Hinterm Deich

Er sei auf der Flucht vor Verbrechern gewesen, als er seinen Wagen mit Höchstgeschwindigkeit in die Fluten der Lagune Pampulha steuerte, erklärte der junge Student der Polizei. Schade, dass diese Stunteinlage keiner gesehen hat. Außer vielleicht der Kormoran im Vordergrund, der nun mit Interesse die Bergungsarbeiten beobachtet.

Freischwimmer

Auch eine Möglichkeit, seinen Swimmingpool zu befüllen: Einfach Wasser bis an die obere Kante in den Laderaum des Kombis pumpen. Anschließend den Wagen mit Schwung in den Pool fahren, Heckklappe auf und die Badefreuden können ihren Lauf nehmen. Bleibt nur noch eine Frage offen: Wie bekommt man das Tankfahrzeug wieder aus dem Schwimmbecken heraus? Da hat der Audi-Fahrer aus dem spanischen Alicante eine gute Idee wohl nicht ganz zu Ende gedacht.

Reifendiebstahl leicht gemacht

Keine Frage, senkrecht Parken spart eine Menge Flächen in der City, die man besser und sinnvoller für Grünanlagen und Shopping meilen nutzen kann. Blöd nur, dass dreiste Diebe diese Steilvorlage dazu nutzten, dem Pkw-Besitzer die Hinterräder zu klauen.

Bei dieser Art des Parkens noch ein wichtiger Hinweis: Beim Vorwärtseinparken ist unbedingt darauf zu achten, dass der Wagen Frontantrieb besitzt. Sonst drehen bei Wiederaufnahme der Fahrt die Räder in der Luft.

Querulant

Mit dieser unfreiwilligen Vollsperrung hätte der Lkw samt Anhänger auch eine vierspurige Autobahn komplett dicht machen können. Einer bei helllichtem Tag über die Straße wechselnden Rotte Wildschweine musste der Fahrer ausweichen, was ihm letztendlich diese unangenehme Schieflage bescherte. „Weil's gut ankommt!", verspricht die Werbebotschaft auf dem Brummiaufbau. Zumindest in diesem Fall trifft das nicht zu.

Senkrechtstarter

Gegen platzsparendes Parken in verstopften Innenstädten ist grundsätzlich nichts zu sagen. Doch dieser Verkehrsteilnehmer übertreibt – eine Meinung, die übrigens bei den Feuerwehrmännern geteilt wird. Einsätze für derartige Ausparkhilfen gehören nun wirklich nicht zum Anforderungsprofil der Brandschützer.

Mal eben eine Runde hingelegt

Die Logik folgt den Gesetzen der Physik. Aber wer denkt darüber schon nach? Dieser Brummifahrer auf jeden Fall wohl kaum. Nicht ganz ebenerdig stand der Lkw beim Abladen des Schüttgutes. Die Ladung selbst war ungleichmäßig auf der Ladefläche verteilt und zudem auch noch gefroren. Als dann das Ganze zum Abkippen hydraulisch nach oben gefahren wurde, verschob sich der Schwerpunkt und das Unglück nahm seinen Lauf: Ganz langsam begann der Kippvorgang, wurde immer schneller, bis der Lkw schließlich krachend auf Schotter und Asphalt landete.

Flach wie ein Burger

Dass Fastfood nicht unbedingt der Gesundheit zuträglich ist, ist allgemein bekannt. Doch die Symbolik dieses Fotos geht dann doch einen Schritt zu weit. Tatsache ist: Ein heftiges Unwetter auf Mallorca riss die schwere Leuchtwerbesäule aus ihrem Fundament und ließ sie auf das fahrende Auto krachen. Damit hatte sich die Fahrt zum Drive-in-Schalter erledigt. Ob die Pkw-Insassen anschließend im Restaurant speisten, ist nicht überliefert.

Ist das Kunst?

Wie ein Mahnmal gegen den alltäglichen Wahnsinn auf Deutschlands Straßen wirkt diese Skulptur aus verformtem Blech und zersplittertem Glas. Das Heck wie eine Anklage in den Himmel gereckt. Doch die Realität ist ganz banal: Die Fahrerin des Pkw geriet auf eine Bundesstraße bei Seesen im Harz aus unbekannter Ursache von der Fahrbahn ab, überschlug sich mehrfach und blieb schließlich in diesem Baum hängen, der dem Gewicht des Fahrzeugs nachgab. Das Aussteigen aus dem Wagen dürfte recht mühselig gewesen sein.

Augenmaß verloren

Da wollte sich einer kleiner machen, als er in Wirklichkeit ist. Aber dann war der letzte Meter in der Höhe des Aufliegers eben doch deutlich zu hoch und bei dem Lkw knirschte es beim Unterfahren der Brücke mächtig im Gebälk. Unwahrscheinlich, dass die Ladung des Lkw an diesem Tag noch pünktlich zur Auslieferung gekommen ist.

Brückenbauwerk tiefergelegt

Mächtig schepperte es hier, als diese Brücke über den Mississippi zusammenkrachte und die Autos auf der Fahrbahn unfreiwillig rückwärts bergab fuhren. Der Flurschaden war beträchtlich, doch zum Glück wurde niemand verletzt.

Drive-in

Bei diesem Szenario handelt es sich weder um den schlecht gestalteten Showroom eines Rolls-Royce-Händlers, noch um das aktuelle Non-food-Angebot eines Supermarkts. Hochgeistigen Getränken hatte der Fahrer der Nobelkarosse reichlich zugesprochen, bevor er sein Gefährt mit voller Fahrt in das Schaufenster dieses Supermarkts im südenglischen Andover manövrierte. Panik bei den Kunden war die Folge unmittelbar nach dem bombenartigen Einschlag, außerdem reichlich zersplittertes Glas. Und nicht zu vergessen: Ein Verfahren wegen Trunkenheit am Steuer.

Wirtschaftswunder auf Abwegen

Das waren noch Zeiten, als Obst und Gemüse noch in Kisten auf der offenen Ladefläche zum Einzelhändler transportiert wurden. Heute geschieht das in Kühlcontainern. Diese Auslieferungsfahrt des Großhändlers Mitte der 1950er-Jahre endete allerdings mit einer Kollision im Eingangsbereich eines Straßencafés. Die Werktätigen auf dem Weg zur Fabrik bestaunen die Szenerie und die auf dem Pflaster verteilten Waren. Die Absicherung des Unfallortes erfolgte zeitgemäß – nämlich gar nicht!

Ein schöner Rücken kann entzücken

Kunst am Bau sieht anders aus. Und die ist es in diesem Fall definitiv nicht. Der Mercedes-Fahrer hatte irgendwie die Pedale im Fußraum seiner Limousine durcheinander bekommen. Und zwischen den beiden Zuständen Vollgas und Vollbremsung liegen bekanntlich Welten. Mit Schmackes durchbrach er mit dem Heck die Fassade eines Parkhauses in Tulsa/USA. Das dabei aus dem siebten Stock herabfallende Mauerwerk beschädigte zudem zahlreiche unten vor dem Gebäude parkende Autos.

Auf Abwegen in der Steppe

Vergeblich wartet der auf dem Lkw-Wrack sitzende Junge auf den Gelben Engel vom ADAC. Kein Wunder, kann doch dessen Navigationssystem den Ort Oromiya in der Datenbank einfach nicht finden. Der Grund dafür: Das Wegenetz Äthiopiens ist darin noch nicht gänzlich erfasst. Da hilft dann wohl nur eins: ein paar Kamele anspannen und den Laster mit vereinter Kraft wieder auf die Räder stellen.

Mauersegler

Weder ein Bankeinbruch noch ein Gefängnisausbruch: Auch hier führte der Klassiker aller automobilistischen Fehlleistungen, das Verwechseln von Gas und Bremse, zum Mauerdurchbruch. Dieser Kleinwagen geriet im chinesischen Chongqing aus genau diesem Grund außer Kontrolle und stieß durch die Wand der Garage. Die stark demolierte Front des Pkw lässt dabei nicht unbedingt auf eine Leichtbauweise des Gebäudes schließen.

Ende einer Dienstfahrt

Geradezu filmreif hat der Fahrer dieses Pkw seinen Wagen bei Demmin in die Peene gelenkt. Im Hafen ist er dicht an der Kaimauer gefahren und dann aus unerfindlichen Gründen über die Kante gehopst. Schwimmend konnte er sich ans Ufer retten, der Bergungsaufwand mit Kran und Tauchern war anderntags beträchtlich.

Vom Erdboden verschwunden

Manchmal tun sich Abgründe auf im Leben, das ist halt so. Hier beispielsweise im chinesischen Guilin, wo sich nach einer Unterspülung der Straße ganz spontan ein Loch in der Fahrbahndecke auftat und diesen arglos des Weges daherkommenden Kleinbus in voller Fahrt plötzlich verschlang.

Manöverkritik am Wegesrand

Grabenkrieg ist was anderes. Nein, dieser Ausritt in den Wegeseitenraum ist weder feindlichem Beschuss zuzurechnen noch handelt es sich um einen Kollateralschaden. Die Soldaten sind mit ihrem Mercedes-Geländewagen schlicht und ergreifend zu schnell durch den Wald geheizt, als plötzlich ein Reh von rechts aus dem Unterholz trat. Doch der schwere Kran von den Kameraden der Instandsetzungstruppe wird den Schaden schnell richten und schon kann es weitergehen mit der Durchschlageübung.

Abseits ausgetretener Pfade

Ein nicht gerade stabil anmutendes Brückenbauwerk stoppte die Off-Road-Exkursion dieses Ami-Schlittens. Nach dem exzessiven Genuss hochprozentiger Getränke geriet der Fahrer vom rechten Weg ab und fuhr noch eine ganze Weile stumpf im Straßengraben weiter. Versuche, den Wagen mit Schwung im spitzen Winkel aus dem Rinnsal heraus zu lenken, scheiterten. Besagte Brücke beendete die Reise des Fahrzeugs, für den Fahrer endete sie in der Ausnüchterungszelle.

Ein Abgrund …

… tat sich auf vor dem Fahrer dieses Lkw-Gespannes in Äthiopien. Gerade noch rechtzeitig konnte er sein Gefährt mitsamt der Ladung zum Stehen bringen und den großen Abflug verhindern. Der wäre äußerst unsanft gewesen und hätte 80 Meter den Steilhang hinuntergeführt. Übel in diesem afrikanischen Land, wo mit professioneller medizinischer und technischer Hilfe wahrscheinlich nicht so schnell zu rechnen ist.

Hochseil-akrobat

An dieser Stelle mal kein Unfallszenario, sondern der Augenblick vor dem Crash – auch wenn es nur ein simulierter ist. Zu Übungszwecken wird das Auto aus luftiger Höhe auf den Asphalt geschmettert. Anschließend übt die Feuerwehr die Befreiung der eingeklemmten Insassen.

Abrupt gestoppt

Im chinesischen Hangzhou erlebte der Fahrer dieser Großraumlimousine, was sich hinter dem physikalischen Begriff der Negativbeschleunigung verbirgt, als er ungebremst in dieses Loch in der Straße fuhr.

Wrackrecycling

Sinnbringende Autoverwertung auf pakistanisch. Motor kaputt, Achse defekt? Kein Problem für findige Köpfe: Einfach ein alternatives Fahrwerk unter den Havaristen montiert und als spritsparenden Antrieb eine Bio-Zugmaschine mit integrierter Lenk- und Einparkfunktion installiert. Eine ganz einfache und kreative Lösung zur Rückgewinnung des Nutzwertes.

Überlebenskünstler

Endlich mal ein Auto mit Nehmerqualitäten – nicht so eine digitalgechippte High-Tech-Mimose, die beim ersten Frost den Dienst quittiert. Ja, Sie sehen richtig: Dieser leicht deformierte Toyota im afrikanischen Sambia nimmt aktiv teil am Straßenverkehr. Funktionalität geht eben vor Schönheit.

Dickfelliger Dickhäuter

Bei Wildunfällen haben meist die tierischen Unfallgegner die schlechteren Karten. Nicht so in diesem Fall in einem afrikanischen Nationalpark, als ein aggressiver Elefant dem Geländewagen der Wildhüter mal kurzerhand ein neues Karosseriedesign verpasste.

Bruchlandung im Parkhaus

Bei Wartungsarbeiten an einer Zufahrtsrampe in einem Parkhaus im niedersächsischen Delmenhorst hatten die Techniker vergessen, die Sicherheitsschranke zu schließen. Das hatte weitreichende Folgen für diese Großraumlimousine und ihren Besitzer aus Oldenburg. Als dieser besagte Rampe beim Verlassen des Parkdecks befuhr, klappte sie unter dem Fahrzeuggewicht nach unten weg, sodass die Pkw-Front unfreiwillig heftigen Kontakt mit dem Betonfußboden bekam.

Hackebreit eingeparkt

Der aus dem Genuss diverser Gläser Wodka entsprungenen Kreativität des Fahrers ist dieses merkwürdige Parkverhalten abseits der polnischen Straßenverkehrsordnung geschuldet. Als Bergungsfahrzeug kommt ein Gabelstapler zum Einsatz.

Mit Eiswasser in den Schuhen

Winterliches Stillleben mit Kleinwagen, wie von Künstlerhand gemalt. Doch die banale Realität hinter diesem Motiv ist eine andere: Die Fahranfängerin erlebte ihren ersten Wintereinbruch am Ende in diesem eisigen Flusslauf. Mit nasskalten Füßen machte sie sich nach der Wasserlandung auf den Weg zur Notrufsäule.

Von der Deichkrone gepurzelt

Küstenschutz ist im Hamburger Umland eine wichtige Angelegenheit. Bei Pflegearbeiten des grünen Bollwerkes gegen den „Blanken Hans“ kam diese leichte Baumaschine aus dem Gleichgewicht und rollte sich um die Längsachse drehend den Deich hinab. Hier kam er auf einem zufällig dort stehenden Anhänger zu liegen, der anschließend nur noch Schrottwert hatte. Unkompliziert halfen die Kollegen mit schwerem Gerät. Außer verbogenem Blech gab es keinen Schaden zu beklagen.

Wenn Dilettanten Straßen bauen

Pfusch am Bau – das geflügelte Wort scheint auch für den Straßenbau zu gelten. Zumindest hier im italienischen Ravenna, wo sich vor zwei jungen Frauen mit ihrem Kleinwagen der Marke Fiat auf freier Strecke unverhofft ein Abgrund auftat. Die Damen kamen mit einem Schrecken davon, ihr Auto erlitt wirtschaftlichen Totalschaden.

Ab in die Metro

Das war ja nun mal eine selten dämliche Aktion: Den Zugang zur Metrostation Chaussée d'Antin in Paris verwechselte der Fahrer dieses Minivans mit der Einfahrt in ein Parkhaus. Offenbar benötigte er einige Treppenstufen bis ihm die Erkenntnis kam, dass er hier irgendwie falsch sein musste. Der Schaden am Auto hielt sich in Grenzen, der Spott und die Häme der Passanten indes weniger.

Steilkurve a la Avus

Was tun, wenn man am Kurveneingang bemerkt, dass man zu viel Speed auf dem Tacho hat? Ganz einfach, man tut es den Kollegen aus der Vollgasbranche gleich. In bester Avus-Manier hat der Fahrer dieses Post-Lkw die Leitplanke zur Steilkurve umfunktioniert, um den Fahrtüberschuss zu kompensieren. Hat nur leider nicht geklappt.

Ohne Antrieb

Da hat der Fahrer der Zugmaschine den Sattelauflieger nicht ordnungsgemäß arretiert, was zu einer unfreiwilligen Vollsperrung der vielbefahrenen Ortsdurchfahrt führte. Einfach ankuppeln und weiterfahren funktionierte in diesem Fall nicht. Helfer mit schwerem Gerät mussten den Anhänger zum Einkuppeln neu positionieren.

Durch die Wand

Ist das ein modernes Deko-Element in einer trendigen Life-style-Wohnung oder eine opulent eingerichtete Garage? Also, erstens ist das ein Ford Mondeo, und zweitens handelt es sich um das Wohnzimmer einer Familie im britischen Coggeshall. Ohne anzuklopfen rauschte der ungebetene Gast in die gute Stube und blieb inmitten einer Staubwolke neben dem Kamin stehen. Also: nicht das Werk eines innovativ arbeitenden Innenarchitekten, sondern ein Fall für die Haftpflichtversicherung.

Erlkönig geoutet

Dieser Crash auf der A 1 zwischen Bremen und Dortmund hatte für den Fahrer gleich zwei Nachspiele: Eines wegen des von ihm verursachten Auffahrunfalls, ein anderes wegen des hochgeheimen Prototypen auf der Ladefläche seines Transporters. Der Peugeot-Sportwagen befand sich zu diesem Zeitpunkt noch in der Erprobung und sollte zurück ins Werk des Herstellers nach Frankreich gebracht werden. Nachdem dieses Pressefoto durch die Medien ging, wusste die Konkurrenz über das Projekt Bescheid.

Shoppen in Görlitz

Drive-in sogar im Bekleidungsgeschäft inmitten der City. Über den Bürgersteig hinweg und mitten durch die Begrenzungspoller schoss der Opel direkt durch die Schaufensterscheibe und blieb schließlich zwischen Anzügen und Kleidern stehen.

Zimmerservice

Dieser Peugeot bahnte sich nahe Lausanne seinen Weg durch massives Mauerwerk direkt in die gute Stube eines Wohnhauses. Die Feuerwehr ist gerade damit beschäftigt, eine Stützkonstruktion für Decken und Wände zu errichten. Die Bewohner dürften fürs Erste im Hotel nächtigen.

Kopfüber auf dem Asphalt

Die geballte (Muskel-)Power der Feuerwehreinsatzkräfte war nötig, um diesen Havaristen wieder ins rechte Lot zu bringen. In Folge unangepasster Geschwindigkeit und kombiniert mit einem plötzlichen Ausweichmanöver hatte der Fahrer seinen Wagen spektakulär aufs Dach gelegt. Dank der Feuerwehrmänner hat er nun zumindest die Kosten für einen Kran gespart.

Im freien Fall

Sechs Stockwerke tief ging es abwärts für eine Dame und ihren Kombi im australischen Melbourne. Beim Befahren einer Hochgarage durchbrach sie aus nicht bekannter Ursache eine Sicherheitsbarriere aus massivem Beton und probte anschließend unfreiwillig den freien Fall. Danach kam ihr Fahrzeug auf der Seite stehend in einer schmalen Gasse zum Stehen. Die Unglückliche blieb bis auf einen kleinen Kratzer unverletzt, ihr Auto war ein Fall für den Recyclingspezialisten.

Weiß auf Schwarz

Ein schwungvoller Schubs von hinten war die Ursache. Laut krachend brach das Absperrgitter auf dem Parkdeck, danach Schleifgeräusche des Unterbodens auf der Betonkante und dann ein dumpfer Aufschlag in dem kleinen Stadtgarten in Much/Nordrhein-Westfalen. Ein BMW-Fahrer hatte die Pedale durcheinander bekommen und beherzten Fußes das Gaspedal voll durchgetreten, was zu dem unfreiwilligen Kopfstand des Minivans führte. Die Bergungsarbeiten dürften recht kompliziert gewesen sein.

Ich bin zwei Brummis

Es ist kaum zu glauben, aber der Fahrer des hinteren Lkw entstieg ohne den kleinsten Kratzer dem vollkommen geplätteten Führerhaus seines Lkw, musste allerdings dabei die Beifahrerseite wählen. Bei diesem heftigen Zusammenprall hatte ein Schutzengel mächtig Überstunden geschoben!

Doppelt sauer …

… war der Chef der Spedition. Bei einer Massenkarambolage auf der A 1 sind gleich zwei Fahrzeuge aus seinem Fuhrpark beschädigt worden. Das birgt Erklärungsbedarf bei der Abwicklung mit der Versicherung.

Bruchlandung nach Kunstflug

Geradezu reingewälzt in das Loch in der Fahrbahndecke hat sich dieser Pkw in Tianjin, China. Viel zu schnell raste der Fahrer in eine Baustelle hinein, wobei er die Absperrung durchbrach. Die Kollision mit zwei massiven Betonpfosten brachte das Fahrzeug zum Abheben und versetzte es während des Fluges in eine rotierende Bewegung um die eigene Längsachse, die sich auch nach erfolgter Landung fortsetzte. Die Showeinlage endete schließlich in einer offenen Baugrube. Zum Glück stand kein Wasser darin.

Ein Fall für den Bergungskran

Aus dieser extremen Schieflage konnte sich der Bus der Bremer Straßenbahn AG nicht mehr selbstständig befreien. Mit dem rechten Vorderrad war die Fahrerin des Gelenkbusses auf den unbefestigten Seitenstreifen geraten und trotz Gegenlenkens in den Graben gerutscht.

Abgeblitzt

Bei diesem Wrack handelt es sich nicht um das Firmenfahrzeug eines besonders schnellen Pizzabringservices. Der Fastfood-Bote hatte den Wagen bei einer Auslieferung mit laufendem Motor vor dem Haus des Kunden geparkt. Zwielichtige Spitzbuben entwendeten den Wagen, hatten aber bereits kurz nach dem Diebstahl die Polizei auf den Fersen. Die Verfolgungsjagd endete mit einem Totalschaden.

Frühgeschichtlicher Bagatell-Crash

Das T-Modell von Henry Ford leitete die weltweite Massenmobilität ein. Klar, dass die deutliche Intensivierung des Individualverkehrs auch einen drastischen Anstieg der Unfallzahlen mit sich brachte. Diese Abbildung mag ein Symbol dafür sein, wenn auch ein wenig spektakuläres. Der Fahrer hatte den Abbiegevorgang zu früh eingeleitet und dabei den Bordstein und das Bäumchen am Wegesrand touchiert. Der Schaden dürfte mit groben Werkzeugen recht einfach zu beheben gewesen sein.

Vorsicht Wildwechsel!

Um der Kollision mit einer Antilope im Massai Mara Wildschutzreservat zu entgehen, war der Fahrer dieses Toyota Landcruiser zu einer heftigen Lenkbewegung gezwungen. Der mit Safari-Touristen voll besetzte Geländewagen überschlug sich auf dem unbefestigten Straßenrand und rutschte mit der Front voran in einen Graben. Personen kamen nicht zu Schaden, auch der afrikanische Springbock zog unversehrt seines Weges.

Rutschpartie im ersten Schnee

Wenig Spaß mit der ersten weißen Pracht des Jahres hatte dieser Mercedes-Fahrer. Noch mit Sommerreifen ausgerüstet und dem schweren Pferdeanhänger im Schlepp, verlor er auf spiegelglatter Fahrbahn die Kontrolle über sein Gespann. Ob er anschließend hoch zu Ross an sein Ziel geritten ist, war dem Polizeibericht nicht zu entnehmen. Ein Schlitten wäre auch wohl das passendere Gefährt gewesen.

Ende einer Dienstfahrt

Dieses Einsatzfahrzeug des Metropolitan Police Service, der Polizei von London, absolvierte soeben seine letzte Dienstfahrt. Auf rasender Alarmfahrt zu einem Raubüberfall in einem Vorort der britischen Hauptstadt gerieten die Beamten vom rechten Weg ab, touchierten eine Fahrbahnbegrenzung und krachten gegen eine Gartenmauer. Ihrem Morris Minor bescherte die Kollision den vorgezogenen Ruhestand, bei dem Raubüberfall handelte es sich übrigens um einen Fehlalarm.

Mit vereinten Kräften

Ein bisschen zu schnell war ein älterer Herr mit diesem VW Passat in einer verkehrsberuhigten Zone unterwegs. Urplötzlich stand ihm ein Pflanzenkübel aus Beton im Weg, dessen Funktion in der passiven Geschwindigkeitsreduzierung liegt. Die Berührung zog einen heftigen Überschlag nach sich, der Wagen blieb auf dem Dach liegen. Wie gut, dass die Feuerwehr schnell und unkompliziert Abhilfe schaffen konnte.

Ein wenig Zug bekommen ...

Mit einer rollenden Straßenbahn sollte man sich tunlichst nicht anlegen. Diese Erfahrung machte die Fahrerin des Suzuki Swift in der Bremer City, als sie mal eben schnell quer über das Gleisbett ihre Fahrtrichtung um 180 Grad ändern wollte. Folge: Volltreffer mittschiffs! Ob die junge Frau für die Zeit des Werkstattaufenthaltes ihres Wagens gleich ein Wochenticket beim Schaffner gelöst hat? Wäre sicher praktisch gewesen.

Einen alten Baum verpflanzt man

Arbeiter und Passanten staunten nicht schlecht, als sich die Front des Lkw urplötzlich gen Himmel reckte. Eine Kastanie sollte hier verpflanzt werden, wehrte sich aber gegen den unfreiwilligen Ortswechsel. Doch der Widerstand war nur von kurzer Dauer. Nachdem das Wurzelwerk gelöst und die Gewichtsverteilung optimiert war, konnte das Spezialfahrzeug sicher zur Landung ansetzen.

Aquaplaning

Zum Wasser lassen mal eben in den Wald gehen – nee, das geht anders. Nach einem Ausweichmanöver auf freier Strecke landete die Frontpartie des Getränkelasters im Unterholz, die aus Mineralwasser bestehende Ladung landete kistenweise auf der Fahrbahn.

Abgehoben und eingeschlagen

Ein Pferd auf dem Flur ist ja schon was Ungewöhnliches, aber ein Golf II? Darüber mag sich auch der nachdenkliche Herr im kleidsamen Bademantel seine Gedanken machen. Die Erklärung für diese fragwürdige Parkplatzwahl ist so simpel wie spektakulär: Um einer Polizeikontrolle in Wolfenbüttel/Niedersachsen zu entkommen, flüchtete ein 20-Jähriger mit Vollgas. An einem Wendehammer verlor das Fluchtfahrzeug an einer Bordsteinkante den Bodenkontakt, flog über das Eisentor hinweg und krachte nach zehn Metern mitten in eine Häuserwand. Volltreffer! Das Auto durchschlug die Mauer und kam schließlich im Korridor zum Stehen.

Erfrischendes Eisbad

Solche Bilder kennt man vor allem aus Russland und Sibirien – Eisbaden bei Minusgraden. Gesund soll das sein, gut für den Kreislauf und die Durchblutung. Diese Variante des osteuropäischen Volkssportes macht hingegen selbst bei laufender Standheizung keinen Sinn. Und in der Tat war das Bad mit Pkw – übrigens ein Peugeot 406 – nicht ganz freiwillig und die Idee dahinter eine ziemlich bescheuerte. Der Fahrer des Wagens wollte testen, ob das Eis des Union Canal in Winchburgh, Schottland das Fahrzeuggewicht trägt. Tat's aber nicht!

Schreck in der Rush-Hour

Bei so einem Loch im Asphalt helfen dem Geländewagen keine hohen Beine und auch kein Allradantrieb. Die Fahrbahndecke im chinesischen Zhengzhou gab im morgendlichen Berufsverkehr unter dem Fahrzeuggewicht einfach nach, lautkrachend steckte der Wagen in der Falle. Unwahrscheinlich, dass der Fahrer noch pünktlich im Büro erschienen ist.

Auf Tiefe gegangen

Ein Rohrbruch unter dieser chinesischen Autobahn ließ binnen Sekunden ein 15 Meter breites und fünf Meter tiefes Loch im Asphalt entstehen. Und im Zentrum des Ganzen dieser einsame Kleinwagen. Dem Fahrer gelang es im letzten Moment, aus der immer tiefer werdenden Grube zu entkommen. Sein Wagen, um den sich zwischenzeitlich die Bergungskräfte mit schwerem Gerät bemühten, überlebte Sturz und Wasserschaden jedoch nicht.

Platzsparendes Parken …

…in Vollendung. Gerade noch genügend Raum, um die Beifahrertür zu öffnen. Aus unbekannter Ursache hatte ein Fahrer in Hamburg seinen Wagen in einen Lichtschacht manövriert. Das Gefährt wieder herauszuholen, war eine Herausforderung für den Abschleppdienst.

Nur kurz eingenickt …

… war die junge Frau am Steuer dieses Kleinwagens. Mit katastrophalen Folgen: Ihr Peugeot schoss quer durch einen Vorgarten und durchbrach das Holztor zu einer Garage. Das hier gelagerte Gerümpel federte den Einschlag offensichtlich ab, denn die schlagartig Wiedererwachte blieb ohne Verletzungen.

Brandheiße Szene

Beißender Qualm schlägt aus dem Führerhaus des Lieferwagens der Firma Fromms Gummiwaren aus Bremen. Der Fahrer versucht den Brand unter Kontrolle zu bringen, während die Passanten in Windeseile die Waren von der Pritsche hinab in Sicherheit bringen. Der Weg zur Versicherungsagentur ist indes nicht weit, nur wenige Schritte quer über die Straße. Es bleibt allerdings fraglich, ob der Klein-Lkw älteren Baujahrs gegen Brandschäden dieser Art versichert ist.

Nah am Wasser gebaut

Dass es sich hierbei um einen gehfaulen Angler gehandelt hat, der seinen Kleinwagen zum bequemen Fischen direkt ans Ufer des Baches gelenkt hat, ist unwahrscheinlich. Ebenso der Gedanke, dass hier Kühlwasser nachgetankt werden sollte. Es ist wohl schlicht und ergreifend einfach nur dumm gelaufen.

Gepflegt auf die Seite gelegt

Zwei Rehen wich der Fahrer dieses Betonmischers aus. Durch die ruppige Bewegung des Lenkrades geriet das schwere Fahrzeug ins Schlingern und rutschte in einen Graben. Dabei kam das Baufahrzeug auf der Seite zum Liegen. Der Lkw wurde geborgen und war noch fahrbereit. Der Fahrer blieb unverletzt.

Abflug auf brasilianisch

Kopfüber in einen Bach gepurzelt ist dieser VW Käfer samt Insassen in Sao Paulo. Vorangegangen war eine feuchtfröhliche Nacht in der brasilianischen Metropole, an deren Ende sich das muntere Partyvolk in ihrer Knutschkugel mit unangemessener Geschwindigkeit auf den Heimweg machte. In einer scharfen Kurve verloren die Breitreifen trotz der eleganten Sportfelgen die Bodenhaftung und der Käfer landete in besagtem Entwässerungsgraben, der in der Trockenzeit zum Glück nur wenig Wasser führte. In der Regenzeit hätte dieser Crash mit Sicherheit ein übles Ende gefunden.

Eine blutige Nase …

… holte sich dieser Lkw, der aus unerfindlichen Gründen auf die Gleise geriet. Aber mit einem Schienenfahrzeug auf der Elbbrücke bei Lauenburg sollte man sich auch nicht anlegen. Der Aufprall brachte bei relativ geringer Geschwindigkeit einen erheblichen Schaden mit sich.

Discoflitzer plattgebügelt

Hochkant an die Wand eines Hühnerstalls gelehnt hat ein junger Fahranfänger seinen reichlich geplätteten Opel. Dem vorangegangen war eine wilde verwegene Heimfahrt aus der Dorfdiskothek. Alkohol war nicht im Spiel, dafür ein enormer Geschwindigkeitsüberschuss am Kurveneingang, der für diesen sehenswerten Abflug sorgte. Gottseidank blieb es beim Blechschaden.

Unbemannter Flug

Hoch auf den Klippen des Badeortes Benllech in Wales hörte ein elfjähriges Mädchen Musik im geparkten Auto seiner Großeltern. Aus Versehen löste es die Handbremse, und das Gefährt kam ins Rollen. Erst in letzter Sekunde konnte sich das Enkelchen durch einen beherzten Sprung aus der Großraumlimousine retten. Die stürzte anschließend über den Rand der Steilküste rund 20 Meter tief in die Fluten des Atlantiks.

British Homestory

Die meisten Unfälle passieren zu Hause, wissen die Statistiker. Wie auch hier im britischen Chillaton nahe Cornwall. Die ältere Dame wollte in der heimischen Garage parken und trat dabei irgendwie das Gaspedal durch bis aufs Bodenblech. Die spontan freigesetzte Energie des Vierzylinders unter der Haube reichte aus für einen glatten Mauerdurchbruch und den anschließenden Kopfstand im Rinnsal gleich hinterm Hause.

Barrierenbrecher

Freiwillig landete der Kombi bestimmt nicht in diesem strapazierfähigen Brückengeländer. Dem Einschlag voraus ging die Kollision zweier Pkw mitten auf einer Kreuzung im sächsischen Glauchau. Die Wucht des Zusammentreffens schmetterte den VW anschließend durch die Brüstung. Ob der tonlose Hilferuf aus dem Untergrund von dem Fahrer des verunfallten VW stammt, ist nicht überliefert. Mag aber auch sein, dass es sich hierbei um die Werbung für eine ältere Beatles-Platte handelt.

Produktmanagement: Martin Distler
Satz: Elke Mader, München
Umschlaggestaltung: Jarzina Kommunikationsdesign, Holzkirchen
Repro: Cromika, Verona
Herstellung: Anna Katavic
Printed in Italy by Printer Trento

Alle Angaben dieses Werkes wurden vom Autor sorgfältig recherchiert und auf den aktuellen Stand gebracht sowie vom Verlag geprüft. Für die Richtigkeit der Angaben kann jedoch keine Haftung übernommen werden. Für Hinweise und Anregungen sind wir jederzeit dankbar. Bitte richten Sie diese an:
GeraMond Verlag
Lektorat
Postfach 40 02 09
D-80702 München
E-Mail: lektorat@geramond.de

Die Deutsche Nationalbibliothek verzeichnet diese Publikation in der Deutschen Nationalbibliografie; detaillierte bibliografische Daten sind im Internet über http://dnb.d-nb.de abrufbar.

ISBN 978-3-86245-723-6

Archiv Peter Kurze: 52, 77, 89
ADAC: 40
Bundeswehr: 57
Endlisnis: 50o
Florian Kater: 7, 29, 30, 31, 67o, 67u, 69, 74o, 74u, 76o, 76u, 79, 81, 82, 90o, 92
Heino Schütte: 18, 37, 83o
Korona: 64o
Ondrej Zvacek: 59
Polizeidirektion Diepholz: 19, 22, 47, 90u
Quesluba: 54
Sammlung Ulf Kaack: 12, 13, 39, 42, 64u
Shuets Udono: 24
Timo Jann: 46o, 65o, 71, 83u, 92l,
U.S. Navy: 50u
alle anderen Fotos: picture-alliance / dpa

Der Autor dankt Andrik Hackmann und Thomas Gissing von der Polizeidirektion Diepholz sowie Jan-Erik Hegemann, Chefredakteur des Feuerwehr Magazins. Außerdem Harald Focke, Timo Jann, Florian Kater, Peter Kurze und Heino Schütte für die gewohnt gute Zusammenarbeit. Wie immer peinlichst genau die Fehler aus dem Manuskript entfernt hat Lektor Rainer Kaune. Auch hierfür ein herzliches Dankeschön!

Ulf Kaack wurde 1964 in Neumünster/Schleswig-Holstein geboren. Als Autor und Journalist lebt und arbeitet er in Bassum, einer kleinen Stadt südlich von Bremen. Viele Jahre arbeitete er als Redakteur bei einer auflagenstarken niedersächsischen Tageszeitung. Seit 1987 ist er als freier Autor und Journalist tätig und ist Verfasser und Mitautor von knapp zwei Dutzend Büchern. Seit 2012 fungiert Ulf Kaack als Chefredakteur von TRAKTOR CLASSIC, dem ebenfalls bei GeraMond erscheinenden Magazin für historische Landmaschinen.

Foto: Jens Frommann